开心物理

声音

童牛◎著

天地出版社 | TIANDI PRESS

图书在版编目（CIP）数据

声音 / 童牛著. —成都：天地出版社，2023.5
（开心物理）
ISBN 978-7-5455-7575-0

Ⅰ.①声… Ⅱ.①童… Ⅲ.①声学—少儿读物 Ⅳ.
①O42-49

中国版本图书馆CIP数据核字（2023）第011669号

声音
SHENGYIN

出品人	杨　政
著　者	童　牛
责任编辑	李红珍　赵丽丽
责任校对	张月静
平面设计	魔方格
责任印制	刘　元

出版发行　天地出版社
　　　　　（成都市锦江区三色路238号　邮政编码：610023）
　　　　　（北京市方庄芳群园3区3号　邮政编码：100078）
网　　址　http://www.tiandiph.com
电子邮箱　tianditg@163.com
经　　销　新华文轩出版传媒股份有限公司

印　　刷　三河市兴国印务有限公司
版　　次　2023年5月第1版
印　　次　2023年5月第1次印刷
开　　本　710mm×1000mm　1/16
印　　张　8
字　　数　128千
定　　价　168.00元（全6册）
书　　号　ISBN 978-7-5455-7575-0

前言

　　对世界充满好奇心和想象力，这就是科学探索的原动力！

　　其实，任何伟大的发现都是从无到有、从小到大，从零开始的！很久以前，苹果落到了地上，如果牛顿一点儿也不好奇，怎么能发现神奇的万有引力？如果列文虎克不仔细观察研究牙齿上的污垢，又怎会发现细菌呢？

　　雨珠为什么能够连成线？声音撞到墙为什么会返回来？光的奔跑速度会改变吗？霓虹灯为什么能放射出七彩的光芒？……原来，声、光、电、力，还有水和空气，这些司空见惯的事物都蕴藏着无穷的奥秘。

　　"开心物理"系列丛书精心编排了200余个科学小实验，它们的共同点是：选取常见的实验材料，运用简便的方法，收到显著的效果。实验后你就会发现，物理真的超简单！科学真的超有趣！

　　哈哈，来吧，让我们一起到位于郊外的克莱尔家里，与调皮又聪明的猫咪艾米一起，动手做实验、动脑学科学吧！

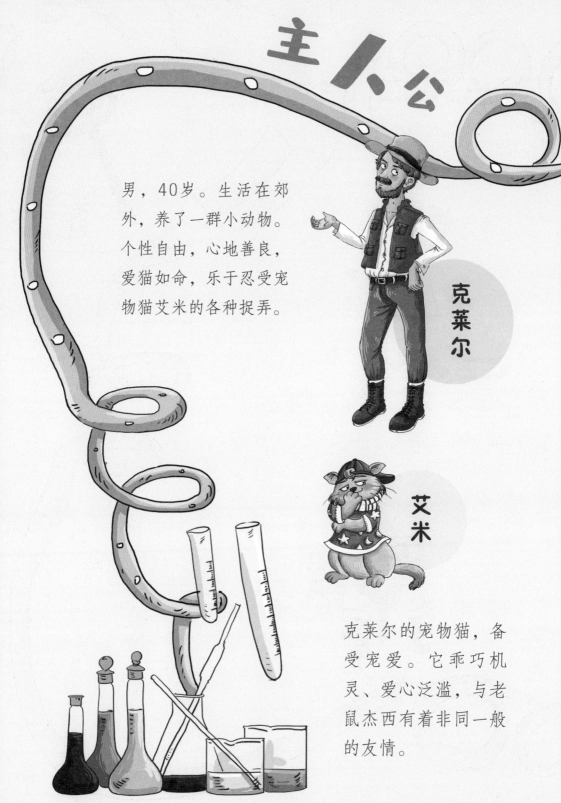

主人公

男，40岁。生活在郊外，养了一群小动物。个性自由，心地善良，爱猫如命，乐于忍受宠物猫艾米的各种捉弄。

克莱尔

艾米

克莱尔的宠物猫，备受宠爱。它乖巧机灵、爱心泛滥，与老鼠杰西有着非同一般的友情。

杰西

一只老鼠，贼头贼脑，偷吃偷喝，但是本质不坏，犯错之后会忏悔。

尼克

一只凶猛的斗牛犬，常与老鼠杰西为敌，却拿艾米没办法。

目录

谁惹得瓶子"笑"不停

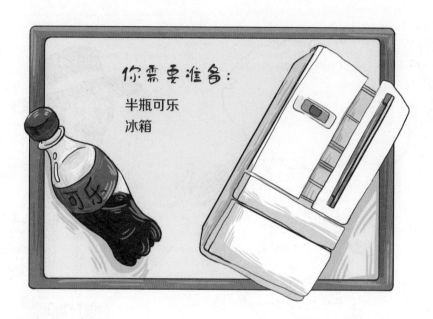

你需要准备：

半瓶可乐
冰箱

实验开始：

1. 将半瓶可乐放入冰箱冷冻室，冻出冰碴儿再取出来；

2. 拧松瓶盖，但是不要将盖子从瓶口取下；

3. 将可乐瓶平放在桌面上，耐心等待一会儿，凑近瓶子倾听声音。

有趣的现象：

装着半瓶可乐的瓶子从冰箱取出之后，看不出有什么异样。但不一会儿，瓶盖开始颤动，还发出咯咯的声音，好像在笑。

咦，哪儿来的怪声？这是怎么回事，克莱尔？真是可乐瓶子在笑吗？

哈哈，可乐瓶咯咯笑，那是瓶子里的气体要逃跑！艾米，经过冷冻，可乐已经由液体变成了冰块，并且将一部分气体封存在瓶内。当可乐瓶到了常温环境，瓶子里的气体会因为温度升高而逐渐膨胀，想要冲出瓶口，可是冲上来又被瓶盖挡住，这才发出了咯咯声。

知识链接

研究表明，当人发自内心开怀大笑的时候，最多可调动全身53块肌肉。所以，只有大笑才能发出哈哈的声音——类似气道完全打开的开心笑声。

"艾米，快来，想不想看球球跳舞？"克莱尔拿着一个乒乓球招呼艾米。

"想看！怎么跳？拍一拍，跳一跳，是这样吗？"

"不！这个球球是天才，不用拍也会跳舞！"克莱尔一边说，一边将乒乓球放在刚才那个可乐瓶口。

此时，可乐瓶里的冰还没有完全融化，让人没想到的是，乒乓球竟然真的在瓶口跳了起来，同时发出吧嗒吧嗒的响声。

"喵——明白了，一定是冲到瓶口的气体把它推起来的！"艾米恍然大悟。

声音可以被抓住

你需要准备：

一个空的密封盒（冰箱用的那种即可）
两部手机

实验开始：

1. 盖好的密封盒平放在桌面上，将其中一部手机调到振动状态；
2. 将调至振动的手机放在密封盒上；
3. 用另一部手机拨打密封盒上的手机，倾听声音。

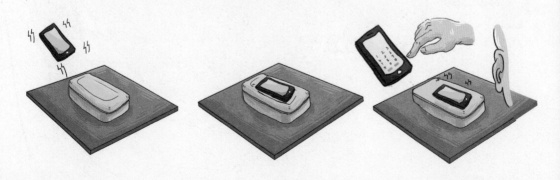

有趣的现象：

当你拿起手机拨打电话的时候，密封盒上那部手机突然发出了很大的嗡嗡声，好像生怕别人听不见似的。但是，当你从密封盒上把它拿开之后，手机振动的声音突然变弱了。

咦，手机的大嗓门好像变小了？克莱尔，声音为什么会变大变小呢？

声音变大又变小，那是因为放的地方不一样！手机发生振动的同时，带动了它下边的塑料密封盒，塑料盒又将振动传导给桌面，这样一来，振动发出的嗡嗡声先后两次被扩大了。

知识链接

我们知道扩音器的主要功能就是将声音放大。如果根据使用方式进行分类，扩音器可分为有线和无线两种，可以辅助用于教学、导游讲解、会场主持等场合。相对于音箱来讲，扩音器的优势是声音穿透力更强，传播距离更远。

"艾米，想不想做个抓住声音的游戏？"克莱尔举着一个空饮料瓶问艾米。

"抓住声音，你在逗我吧？我可从来没听说，声音可以被抓住！"艾米不屑地回答道。

"哈哈，抓住声音只是举手之劳。过来一下，帮我抱住这个瓶子！看我给你展示一下。"

艾米用两只猫爪抱住瓶身，克莱尔也没闲着，他对着瓶口吹口哨。

"咦，瓶子好像动了，在轻轻地振动！"艾米兴奋道。

"看，我没骗你吧！就是我吹口哨的声音传到瓶子里，让瓶身发生了轻微的振动。其实，打鼓时鼓膜颤动也是这个原理。"

谁打动了皂膜

你需要准备：

水
少量皂粉
小碗
铁丝（长度约20厘米）
筷子
一个同伴

A4白纸
双面胶

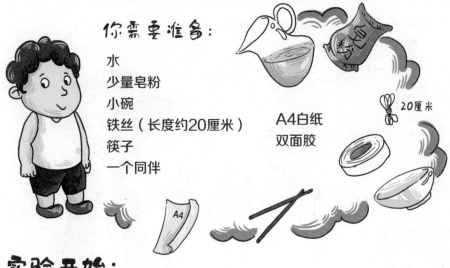

实验开始：

1. 倒上半碗水，同时将皂粉倒进水碗，皂粉和水的比例大约为1:10；

2. 用筷子搅拌皂水；

3. 将铁丝一头弯卷，卷出一个直径5厘米左右的圆，当作吹泡器；

4. 用白纸卷一个直径约10厘米的纸筒，并用双面胶将接缝粘好；

5. 将吹泡器探入皂水中，蘸出一张皂膜；

6. 请同伴站到大约0.5米外，拿起纸筒对皂膜大吼一声；

7. 请观察皂膜的情况。

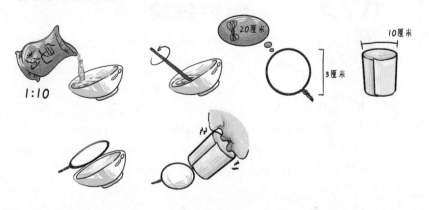

有趣的现象：

你用自制的吹泡器蘸了一张看起来很不错的皂膜，并且把它举了起来。这时候同伴站到了你对面，用纸筒对着皂膜大喊。令人想不到的是，完好的皂膜竟然瞬间破碎了。

天哪，碎了！克莱尔，咱们谁都没碰它，对吗？

其实，皂膜被撞碎是声波捣的鬼！当通过纸筒发出喊声时，声波直线向前推动了皂膜，这种能量冲破一张薄薄的皂膜还是非常容易的。

知识链接

我们都知道，某个声音由发声体传出来之后，随着传播距离的加长，音量一定会越来越弱的，这种现象被称为声波的衰减。声波衰减的方式主要有3种：扩散衰减、吸收衰减和散射衰减。

"艾米，把你的小碗放在桌子上，我们玩个游戏，好吗？"克莱尔邀请艾米。

"唉，一个小碗都不放过，你这个贪玩的克莱尔！"艾米把小碗放在桌上，同时批评了克莱尔。

克莱尔笑嘻嘻地看着艾米，同时用鼓槌敲响了放在桌上的小皮鼓，敲得小鼓咚咚响。

这时，奇怪的事情发生了：虽然没人触碰桌子上的小碗，但是它开始移动了。

"这是怎么回事，碗怎么自己跑了？"艾米惊讶地问。

"艾米，这就是声波的力量。同样的道理，大爆炸能够将附近的玻璃等物品震碎，也是声波造成的破坏。"

9

木板有耳朵

你需要准备：

木质的桌子
一根筷子
一个同伴

实验开始：

1. 用筷子轻轻敲击桌腿，同时倾听声音；

2. 将耳朵贴在桌面上；

3. 请同伴帮忙敲桌腿，一定要轻轻地敲；

4. 体会前后两次敲击桌腿发出声音的变化。

有趣的现象：

你轻轻地敲桌腿，发出的声音不太大，如果周边稍有干扰，这种声音可能就被埋没了。但是当你把耳朵贴在桌面上，听同伴敲桌腿的时候，你发现声音不仅变大了，而且听起来十分清晰。

咦，克莱尔，轻一点，我的耳朵快被震聋了。难道你不觉得这件事情很奇怪吗?

声音变大了，那是因为有一个扩音喇叭——桌子的木头板。对于声音来说，木头是一种非常棒的传播介质，因为木头的质地比较细密，分子间的距离小。也就是说，声音通过木头时很容易就能找到下一个支撑点，能量损失比较小，传出的声音自然就大了。

知识链接

事实上，人的耳朵能够听到声音，主要依靠外耳道与中耳之间的鼓膜，也称耳膜。每当声波到达耳膜的时候，耳膜就会以振动的方式向大脑传递声音信号，然后我们就听到声音了。

"艾米，我现在要过去了啊！"克莱尔望着艾米说道。

原来，克莱尔要去另一间屋子，因为他想和艾米隔墙对话。

"快去吧，我已经准备好了，把耳朵贴在墙壁上听你说话，对吧？"

克莱尔靠近墙面讲话，艾米把耳朵贴在墙的另一面听，他俩处于墙壁两侧相同的位置。

"哇，真的听到了！克莱尔，你刚才承诺要给我买一包小鱼干，对不对？"

"没错，我就是这么说的！"

"太棒了！可是克莱尔，我不明白，咱们中间隔着一面墙，我怎么还能听到你说话呢？这简直太不可思议了！"艾米不解地问。

"因为声音穿过墙壁没有损失太多的能量，所以顺利到达你的耳朵。其实绝大多数固体材料传播声音的能力都是不错的，至少要好于空气传播。"

一个会唱歌的气球

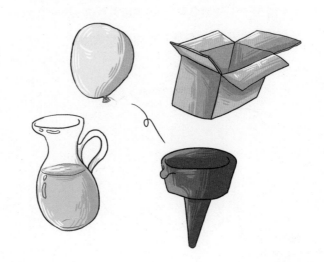

你需要准备：

一个气球
细线
水
漏斗
小纸箱

实验开始：

1. 拿起气球，撑开口，把漏斗插进去；

2. 通过漏斗将水灌进气球里，直到气球的体积大约有两个拳头大；

3. 拔下漏斗，用细线将气球开口扎紧；

4. 把灌水的气球装进小纸箱，敲击纸箱侧面；

5. 耳朵贴在箱盖上，感受箱中发出声音的变化。

有趣的现象：

那个气球莫名其妙地被灌了一"肚子"水，之后又被关进了纸箱里。奇妙的是，当你敲击纸箱的时候，箱中的气球竟然发出吱吱呀呀的声音，好像在唱歌似的。

天哪，箱子里有声音！这是怎么回事，是那个气球在唱歌吗？

其实，那是欢快的水滴在歌唱！水分子之间的距离极其微小，小到肉眼看不到的程度，这个条件是非常有利于声音传播的。现在，气球肚子里挤着很多很多微小的水分子，当你敲击纸箱的时候，水分子互相摩擦碰撞，便发出了声音。

知识链接

你或许从没想过，那些生活在水里的鱼，只要磨磨牙，或者蹭蹭鱼鳍，所发出的声音就能传出好几千米。如此一来，鱼族成员便达到了互相联络的目的。其实小鱼就是沾了水的光，因为同样大小的声音在水中能够传播得更远。

"它为什么不唱歌呢，克莱尔？"艾米用爪子拍着一个圆鼓鼓的气球，问道。

"因为啊，这个气球装了一肚子气，气得它都不想唱歌了。"

"不对啊，尼克生气的时候就会汪汪叫，声音大极了。"

"艾米，尼克是尼克，气球是气球。通常来讲，某种材质的密度越大，就越利于声音的传播。而空气的密度比较小，在空气中传播的声音能量损失就会比较大，所以我们的耳朵很难捕捉到来自空气中的那些细小声音。"

声音哪儿去了

你需要准备：

一个有密封盖的杯子
一个小铜铃
一捆香
安全火柴
蜡烛

实验开始：

1. 打开密封盖，将杯子平放在桌面上；

2. 用火柴点燃蜡烛，再用蜡烛将一捆香全部点燃；

3. 将燃着的香探入杯中，注意不要让火点接触到杯子；

4. 大约8分钟之后，将香收回；

5. 把小铜铃丢进杯中，并迅速盖好密封盖；

6. 将盖好的杯子放到水龙头下边，用冷水冲一会儿，确保密封
   盖与杯身结合得更紧密；

7. 晃动杯子，同时倾听声音。

8分钟后……

有趣的现象：

那个小铜铃原本没什么不对劲，只要摇一摇就会叮当响。但是当你把它丢进杯子并盖好盖后，无论怎样晃动，你都听不见铃声了。

天哪，铜铃不响了！为什么？克莱尔，你究竟对它做了什么？

这可不怪我！我也喜欢会唱歌的小铜铃，谁知负责传声的空气偷偷跑掉了！艾米，铜铃发出的声音要通过空气才能到达我们的耳朵，但是当香在杯子里燃烧之后，杯子里的空气便被消耗完了。这样一来，不论小铜铃多卖力，声音也不可能传到杯子外面来。

知识链接

我们通常所说的空气并不是一种单一物质，它是构成地球周围大气的多种气体的合称。空气的主要成分是氮气和氧气，另外也有极少量的氦、氩、氖、氪、氙等稀有气体，以及水蒸气、二氧化碳和尘埃等。

"艾米，你相信吗？我现在就可以把铃铛修好！"克莱尔神秘地望着艾米说。

"修铃铛？你需要什么工具？"

"工具？工具就是我的两只手和无处不在的空气。"克莱尔一边说，一边打开了杯子的密封盖，随后又立刻盖上了。

"咦，这就好了吗？"

"试试吧，我的手艺好得不得了！"克莱尔笑呵呵地说道。

艾米晃晃杯子，果然，铃铛发出了声音。原来，就在刚刚克莱尔开启密封盖的瞬间，空气钻进了杯子里，所以铃铛就又可以正常发声了。

吓得灭了火

你需要准备:

卫生纸芯筒　　安全火柴　　固体胶
缝衣针　　小剪刀　　蜡烛　　保鲜膜

实验开始:

1. 剪下两块保鲜膜,确保每一块都能完全包裹住卫生纸芯筒口;

2. 用保鲜膜把卫生纸芯筒两头全都封上,并用固体胶粘住,保鲜膜尽量保持平整;

3. 用缝衣针在卫生纸芯筒一端的保鲜膜上扎个小孔;

4. 用火柴点燃蜡烛,一只手握着卫生纸芯筒,并将保鲜膜上的小孔对准火苗;另一只手用力拍击卫生纸芯筒的另一端,同时观察火苗状况。

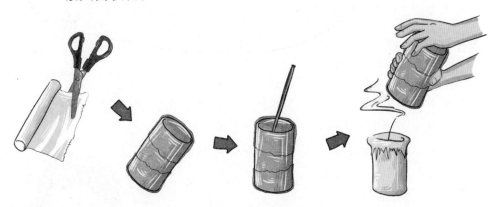

有趣的现象：

你用保鲜膜把卫生纸芯筒的两端全都堵住了，只不过其中一端的保鲜膜上扎了个小小的孔。然后，你用那个小得难以察觉的孔对准了火苗，又拍了拍纸筒，没想到这一拍竟让火苗熄灭了。

天哪，蜡烛灭了！克莱尔，你是不是偷偷对它吹风了？

哈哈，蜡烛被吹灭，那是因为它被突然传来的声音给吓坏了！卫生纸芯筒两端虽然被堵上了，但其中仍然充满了空气，而你拍击卫生纸芯筒尾端的声音导致筒内空气发生振动，被振动的空气无路可逃，只能顺着小孔钻出来了。

知识链接

如今多数居民楼的楼道内都安装了声控灯，每当夜晚来临，只需轻微的响动，声控灯就会自动点亮。但是在白天，无论有多大的噪声，声控灯都不会亮。那是因为，大多数声控灯是由声与光共同控制的，只有在周围光照低到一定程度的情况下，它才可能启动。

"艾米，来！把你的猫爪伸到这个小孔跟前。"
克莱尔举着那个被保鲜膜堵住的卫生纸芯筒，
不知道要玩什么花样。

"你想干什么，克莱尔？放心，我可不会被
那种小声音吓倒的。"

"艾米，你真是勇敢的小猫咪，其实我只是想让你真切地感
受一下声音出逃的力量。"

"好吧，克莱尔，就照你说的办！"艾米大方地伸出了猫
爪，放到保鲜膜的小孔前。

当克莱尔拍击卫生纸芯筒一端时，艾米果然感受到了针孔吹
出的凉丝丝的气流。

从无声到有声

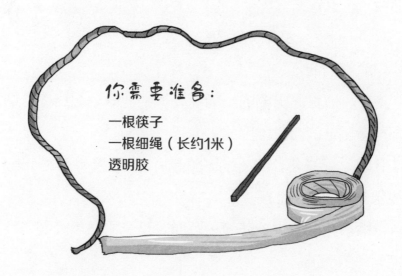

你需要准备：

一根筷子
一根细绳（长约1米）
透明胶

实验开始：

1. 将绳子缠在筷子的一端，打个结，并用透明胶粘好；

2. 找个空旷的地点，握着筷子，使劲儿甩动细绳，就像甩动马鞭那样；

3. 加快甩绳子的速度，同时聆听绳子发出的声音。

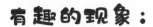

有趣的现象:

通常情况下，我们用手抖动一根绳子，几乎听不到多大的响动。但是今天这根绳子仿佛内力十足，你甩动越快，它发出的声音就越大，甚至是嗖嗖响个不停。

天哪，太吵了！克莱尔，这根绳子怎么会突然变得像爆竹一样呢？

哈哈，绳子变得像爆竹，那是因为产生了音爆！所谓音爆就是某个运动物体的速度达到音速时所发出的巨响，因为你甩动绳子的速度越来越快，最终达到了它的爆发点，所以巨大的声响瞬间便发出来了。

知识链接

音爆可以产生十分巨大的能量，据可靠分析，一架低空飞行的超音速战斗机所产生的音爆，足以震碎所过之处地面建筑的门窗玻璃。

"再使点劲儿，克莱尔，你没吃饱是不是？"

原来，克莱尔有一根很长很长的绳子，他用力甩啊甩，但是绳子就是默不作声，这件事让艾米感到十分诧异。

"唉，真不是我不用力，是长绳子不争气！"克莱尔气喘吁吁地解释道。

"喵——你在说什么？这根绳子跟先前那根有什么不同吗，我怎么看不出来？"

"它们真的有区别。你看，这根绳子实在太长了，它有5米长哦。"克莱尔抖抖手里的长绳说。

"可是，绳子长跟发出的声音有什么关系呢？"艾米问道。

"艾米，绳子太长太拖沓，甩起来很难达到能产生音爆的速度，也就不会有突然进发的声响了。"

巧手组装"铁吉他"

你需要准备：

5根橡皮筋
一个没盖的小铁盒
两根筷子

实验开始：

1. 将5根橡皮筋分别套在铁盒子上，使得它们相互之间的距离为 2～3厘米；

2. 把套好橡皮筋的铁盒口朝下扣在桌面上；

3. 让两根筷子从5根橡皮筋底下穿过，筷子间保持一定距离；

4. 拨动橡皮筋，倾听它们发出的声音。

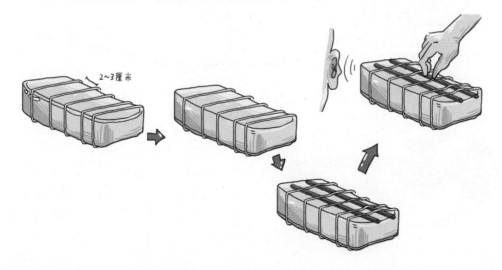

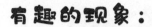

有趣的现象：

　　一个铁盒缠上几根橡皮筋，原本就是想玩玩而已。没想到的是，当拨动橡皮筋的时候，它们竟然发出了类似吉他奏乐的声响。

　　天哪，好像弹吉他的声音！这是怎么回事？克莱尔，难道你在放录音吗？

　　艾米，橡皮筋发出的声音像吉他声，这可是真的！当橡皮筋被两根筷子架空之后，它们的位置相对固定下来，拨动时便不会因为摩擦铁盒子外壁而影响发音效果。这样一来，当拨动橡皮筋时，空气随着橡皮筋发生振动，就会传出比较和谐的声响了。

知识链接

　　吉他是一种弦乐器，演奏者需要双手配合，其中一只手负责拨动琴弦，另一只手按压指板上的琴弦。弹奏出来的声音再通过吉他的共鸣腔得到增强，美妙的音乐就传出来了。

"现在，撤退吧，筷子！"说着，克莱尔笑嘻嘻地拔掉了插在橡皮筋下面的筷子。

"插上去又拔下来，真不知道你在搞什么！"艾米才懒得玩这种无聊的游戏，于是趴在阳台的窝里晒太阳。

"艾米，相信我，铁盒吉他就要失灵了。"克莱尔神秘地说。

果然，拔下筷子之后，无论怎样拨动橡皮筋，它都发不出吉他声了。

"天哪！克莱尔，怎么会这样？音乐去哪儿了？"艾米跑过来想看看到底发生了什么事。

"这的确是一件不可思议的事。筷子就相当于吉他的指板，没了它们的支撑，来回滑动的橡皮筋很难与铁盒形成共鸣，当然传不出动听的音乐声了。"

"小蜜蜂"嗡嗡叫

你需要准备：

一把弹性较好的塑料尺子
透明胶
玻璃茶几

实验开始：

1. 把尺子放在玻璃茶几上，让尺子全长的 $\frac{3}{4}$ 探出玻璃茶几；

2. 把尺子留在玻璃茶几上的那部分用透明胶固定；

3. 快速拨动尺子留在玻璃茶几外的一端，同时聆听它发出的声音。

有趣的现象：

　　或许在你的心目中，一把平淡无奇的塑料尺子是没有什么"音乐细胞"的。但事实上，当你拨动眼前这把尺子的时候，它竟然发出了一种低沉而模糊的嗡嗡声。

　　天哪，它在学小蜜蜂！克莱尔，你听懂这把尺子在说什么了吗？

　　艾米，我觉得塑料尺子在说："让我振动得更剧烈一些吧！"塑料尺子的弹性比较好，所以当你快速拨动它的时候，很容易引起空气振动，从而发出声响，但是由于振动频率并不算快，所以它发出的声音是比较低沉的。

知识链接

　　简单地说，振动频率指的是某一振动物体在单位时间内的振动次数，单位为赫兹，它反映了物体振动的快慢。

Hz

现在，茶几上有两把一模一样的塑料尺子，只是其中一把探出茶几的长度是全长的 $\frac{3}{4}$，而另一把则探出 $\frac{1}{4}$。艾米用小爪子拨拨这个又拨拨那个，突然感觉到了某种微妙的差异。

"咦，声音好像变尖了，尖得好像小鸡在叫！"艾米高兴地说。

"没错，它的确是个尖嗓门儿！"

"为什么会这样呢？我看它俩都是一样的。"

"长相的确都一样，但是振动频率不一样！"

"频率？频率和声音尖不尖有什么关系吗？"艾米暂时还没搞明白。

"当然有关系，关系就是振动得越快声音越尖锐！你看，探出茶几台面较短的尺子振动更快，所以它才能够发出比较尖锐的声音。"

巨响从哪儿来的

你需要准备：

一个塑料杯子（高度不低于15厘米）
一把锥子
小桶
水

15厘米

实验开始：

1. 给小桶灌水，水面接近桶沿；

2. 倒扣塑料杯子，用锥子在它的底部正中央钻个孔，孔要钻透（小心扎手）；

3. 将杯底放在水面上，两手扶着杯子，让水慢慢从小孔涌入杯中；

4. 对着杯口吹气，同时慢慢将杯子向水下按压；

5. 倾听自己吹气发出的声音变化。

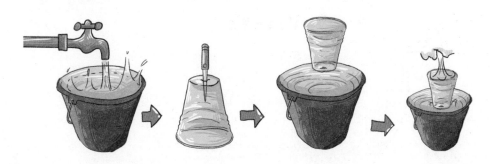

有趣的现象：

或许你以为，对着塑料杯口吹气是很无聊的事情，即使打发时间也不会玩这个。但随着你慢慢向下按压杯子，并不停吹气，很快，你就会被一声巨响吓一跳！

天哪！大爆炸，一声巨响！难道又是你干的吗，克莱尔？你吓了我一跳！

艾米，对不起，其实我也吓一跳！当我一边按压杯子一边吹气的时候，杯中的空气不停发生变化，某一时刻，杯中空气振动的频率终于和吹气发声的频率达成一致，于是它们共同制造了这声巨响。

知识链接

其实空气中还有许多声音是我们听不到的，例如空气正常流动的声音，但是刮大风的时候例外。因为刮大风时空气流动速度非常快，一旦前方通道较窄，或者存在墙壁等障碍物，导致空气振荡，就会产生明显的呜呜声。

"我要吹气了，艾米，你能帮忙做个见证吗？"

"见证什么，克莱尔，你是不是想把我吹跑？"艾米紧张地用猫爪钩住了沙发。

"哈哈，假如我变成风爷爷，一定能把你吹跑的。其实艾米，我就是想让你帮忙听听声音的变化。"

克莱尔轻轻吹气，艾米凑过来听。

"声音好小哦，克莱尔，这有什么好玩的？"

"那换个方法，我们再听一回好吗？"克莱尔说着，用一只手挡住了自己的嘴唇，接着吹气。

"咦，吹气声好像变大了？"

"没错，这正是因为我用手掌挡住了嘴里吹出的气流，导致聚集在嘴边的空气发生了振荡。"

滴嗒嘀嗒拦不住

你需要准备：

两个大小相同的边缘光滑的瓷碗（碗的
直径不小于18厘米）
一块机械手表

实验开始：

1. 把手表放在耳边听一听，确保它正在发出嘀嗒声；

2. 将两个瓷碗平放在桌面上；

3. 将手表放在其中一个瓷碗里，用另一个瓷碗将有表的瓷碗
   扣住；

4. 挪动碗口，让两个碗口之间有个小缝隙；

5. 站在桌前倾听手表发出的声音。

有趣的现象：

大碗是有一定厚度的，或许你会以为，很难听到被两只碗扣住的表发出的嘀嗒声了。但让人想不到的是，听了一会儿，手表的嘀嗒声竟然还是那么清晰地进入你的耳中。

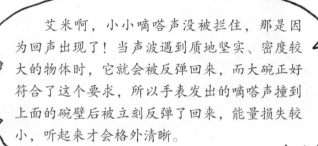

嘀嗒嘀嗒，还像原来一样好听哦。大碗为什么拦不住嘀嗒声呢，克莱尔？

艾米啊，小小嘀嗒声没被拦住，那是因为回声出现了！当声波遇到质地坚实、密度较大的物体时，它就会被反弹回来，而大碗正好符合了这个要求，所以手表发出的嘀嗒声撞到上面的碗壁后被立刻反弹了回来，能量损失较小，听起来才会格外清晰。

知识链接

我们都知道，如果在山谷中大喊一声，可能会听到自己的回声，这是一种很好玩的游戏。但是有些回声就比较闹人了，例如存在于手机、电脑等电子产品中的回声。为了消除不该出现的回声，人们发明了回声消除器，它通过过滤回声发出的声波达到消除回声的目的。

"咦，声音好像消失了？克莱尔，你把手表藏起来了吗？"
艾米趴在棉被上说。

"没有，相信我，它确实还在被子底下睡大觉。"

"那为什么不出声了，你的手表不是总在嘀嗒响吗？"

"没错，可是被子里蓬松的棉花会吸收手表传出的声波，导致声能大量损失，所以嘀嗒声就小了。"

雷声为什么轰隆隆

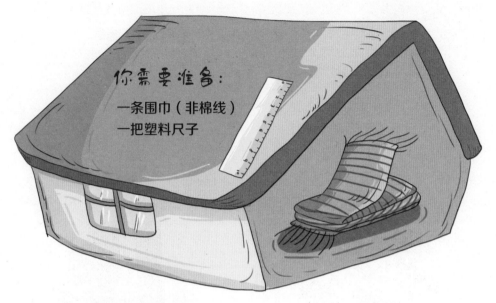

你需要准备：

一条围巾（非棉线）

一把塑料尺子

实验开始：

1. 关好门窗，拉下窗帘，尽量降低屋内亮度；

2. 拿起塑料尺子，在围巾上反复摩擦；

3. 倾听围巾发出的声响。

有趣的现象：

屋子里本来静悄悄的，围巾和尺子各自相安无事。好玩的是，它俩凑到一起蹭啊蹭，噼噼啪啪的声音很快传了出来。

你瞧！星星来了，噼噼啪啪声就来了！克莱尔，你的围巾为什么会发出声音？

我的围巾之所以呼喊，是因为多余的电荷发生了小摩擦！围巾被塑料尺子蹭来蹭去，必定会产生多余的电荷，而多余电荷在转移的过程中，相互间不断地碰撞摩擦，便发生了一场场小爆炸，所以你听到了噼噼啪啪的声音。其实雷声就是这么来的。

知识链接

多雨的夏天里，我们时常听到轰隆作响的雷声，事实上雷声也不是千篇一律的。有清脆响亮的"炸雷"，也有闷声闷气的"闷雷"，还有一种声调低沉，并且持续很长时间的雷声，则被形象地称作"拉磨雷"。

"艾米，你听到了吗？"克莱尔两手各拿着一条化纤毛巾，一边蹭一边问。

"声音这么大，当然听到了。"

"现在我要加快速度了，你再帮忙听听声音的变化，好吗？"

就这样，克莱尔开始快速摩擦两条毛巾，噼里啪啦的响声也逐渐变得连贯而洪亮了。

"咦，你的毛巾的'嗓门儿'越来越大了！这是怎么回事，克莱尔？"艾米捂着耳朵问。

"因为我的毛巾在放电，蹭得越快放电越多，越来越多的电荷来回乱窜，声音当然会变大。其实我就是想要告诉你，雷声之所以有大有小，与周边云层的蓄电量有着密切的关系。"克莱尔仔仔细细地解释道。

抓到冰碎的声音

你需要准备：

一个塑料瓶（容量约250毫升）
水盆
水
冰箱

实验开始：

1. 给塑料瓶灌上水，不要灌太满；

2. 拧紧塑料瓶的盖子，将它放进冰箱冷冻室；

3. 大约1小时后，取出基本冻成冰坨的塑料瓶；

4. 将冻成冰坨的塑料瓶放在水盆里自然解冻，同时倾听瓶内
   发出的声音。

有趣的现象：

在冰箱里冻了那么久，那个塑料瓶一定冷得要命，它的"肚皮"被结冰的水撑得鼓鼓的。耐心等待一会儿，你会听到，塑料瓶里竟然发出了细碎的声响。

咦，什么声音？好像是这个瓶子在叫！克莱尔，是不是塑料瓶肚子饿了？

是啊！这个塑料瓶饥寒交迫，它想吸点空气填饱肚皮！冰冻的塑料瓶重新回到相对温暖的室内，水分子会慢慢升温直到恢复液态。由于瓶中存在一定量的空气，所以在解冻的过程中，空气分子会与水分子相互摩擦，于是便发出了那种细小的声响。

知识链接

我们都知道，水壶里的水烧开的时候，会发出咕嘟咕嘟的声音，其实这是气泡爆裂的声响。其中的奥秘就是：位于壶底的水由于汽化生成了气泡，气泡在上升的过程中不断吸热膨胀，到达水面之时会立刻破裂，于是发出了接连不断的咕嘟声。

"艾米，我们接着玩一个关于泡泡的游戏，好吗？"克莱尔嘴里咬着一根吸管说道。

"克莱尔，你真是太贪玩了！"

"你瞧，贪玩的克莱尔要学小鱼吹泡泡了！"克莱尔端着一杯水，乐呵呵地说。

"真无聊。"艾米低头吃它的猫饼干。

克莱尔把吸管插到水杯里吹着泡泡，他把杯里的水吹得咕嘟咕嘟响。

"克莱尔，水开了！这是你干的吗？"

"艾米，你把我当成太阳能热水器了吗？虽然水里的泡泡的确是因为爆裂才发出声音的，但那是我不断吹气把它们吹破的。"

耳朵为什么嗡嗡响

你需要准备：

玻璃杯

实验开始：

1. 将玻璃杯口扣在耳朵上；

2. 让玻璃杯与耳朵的距离不时发生变化，同时感受声音的变化。

有趣的现象:

玻璃杯看上去很普通,里面空空的,也没有可以发出声音的东西,但把它扣在耳朵上时,你竟然听到了嗡嗡的声音。

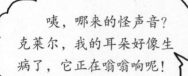

咦,哪来的怪声音?克莱尔,我的耳朵好像生病了,它正在嗡嗡响呢!

放心吧,艾米!嗡嗡响很正常,听不到嗡嗡声的耳朵才是生病了!其实我们身边真的存在许多细小微弱的声音很难被耳朵听到,但是当你把玻璃杯口放到耳朵附近的时候,杯子内外的某种声音频率可能达成一致,声音便被放大了,这就是你听到的嗡嗡声。

知识链接

耳聋分为先天性和后天性两类,药物或者外伤侵害都可能导致后天性耳聋,某些耳聋患者可以通过助听器改善听觉障碍的状况。简单地说,助听器就是一个声音放大器,它能够使听力不好的人听到原来听不清楚,甚至完全听不到的声音。

"预备，我要扔球了！"克莱尔用拇指和食指夹着一个玻璃球，原来他想用手里的玻璃球砸木头桌子。

　　"克莱尔，一定要注意安全！桌子也会喊疼的。"艾米叮嘱道。

　　"我也不想听到桌子的哭泣，所以请你帮个忙，用你伶俐的耳朵帮我体会下声音的变化，好吗？"

　　玻璃球距离桌面大约20厘米，克莱尔就这样扔了两次球，其中一次球直接掉在桌面上，另一次它掉在桌面的一块抹布上。

　　"哦，玻璃球掉在抹布上的声音比较小，这是为什么，克莱尔？"艾米动动耳朵，认真地问。

　　"因为物体撞击时所发出的声音大小与物体质地有关，确切地说，撞击物质地越坚硬，撞击的声音也会越大。"

会呻吟的易拉罐

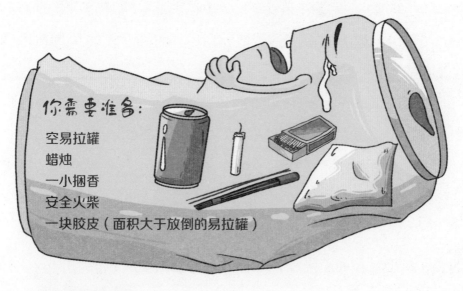

你需要准备：

空易拉罐
蜡烛
一小捆香
安全火柴
一块胶皮（面积大于放倒的易拉罐）

实验开始：

1. 将胶皮平铺在桌面上；

2. 把易拉罐平放在胶皮上；

3. 点燃蜡烛，并用蜡烛点燃一小捆香；

4. 将香点着的一头插入易拉罐内；

5. 观察易拉罐形状变化，同时倾听声音。

有趣的现象：

你的易拉罐本来是规整的，如果不踩上一脚，很难想象它会自己瘪下去。然而你发现，随着香不断地燃烧，易拉罐也渐渐发生了变化，它不仅发出了嘎吱的响声，而且竟然扭曲变形了。

哇，变形了，圆罐子变成奇形怪状的了！克莱尔，它被谁偷袭了？

它被无形的大气压偷袭了！燃烧的香一点点消耗着易拉罐内部的空气，如此一来，罐子外部的大气压就会高于罐内，这种力量将罐子挤压得奇形怪状，还让它发出了嘎吱的声响。

知识链接

简单地说，噪声是由某个发声体所做的无规则振动引起的，它的主要来源有：车、船、飞机的交通噪声；建筑工地的各种机械作业噪声；工厂里各种大型生产设备的噪声等。

"艾米，你瞧！易拉罐嘎吱响，它想要恢复原状！"克莱尔举着那个瘪瘪的易拉罐兴奋地说。

"你打算怎么办，像吹气球一样把它吹起来吗？"

"我可没那么大的力气，但我可以用其他方法让它恢复原样。"说完，克莱尔用橡皮泥堵上了易拉罐的罐口，又把罐子丢进了滚烫的热水盆里。

"哇，易拉罐真的鼓起来了，为什么会这样？"眼看嘎吱作响的易拉罐慢慢鼓起来，艾米惊喜地问道。

"那是因为它撑着了，我刚才用橡皮泥把易拉罐堵成了闷罐子，然后又让它在热水里洗了个澡，这样一来，闷在易拉罐肚子里的热空气便胀起来了。"

纸做的爆竹很威风

你需要准备：

一张标准的A4纸（短边21
厘米，长边29.7厘米）
铅笔

实验开始：

1. 以短边中线为轴，将A4纸对折；

2. 将对折过的纸摊开，4个角分别向内折，折出4个边长为10.5厘米的等腰三角形；

3. 将第2步折成的图形沿第1步形成的折痕重新对折，折好后形状为等腰梯形；

4. 将等腰梯形上下两底的中点分别定义为A和B，并用铅笔连接两点；

5. 将用A点分开的两边分别沿虚线向下折叠，使其与AB重合，折好后呈正方形；

6. 沿正方形裂口向后对折；

7. 用一只手捏住折纸的尖头，用力猛甩，同时倾听声音。

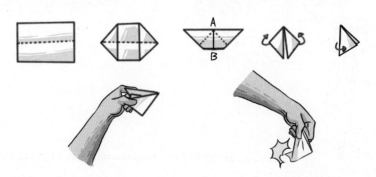

有趣的现象：

一张纸折来折去，步骤似乎有点烦琐，最终也没折成什么惊人的形状，或许这叫你有点失望。然而，当你捏住折纸尖头猛地一甩，惊人的事情终于发生了。没错，它发出的声音实在有点大。

天哪，啪嗒一声响，太吓人了！克莱尔，一张纸怎能发出这么大响声呢？

那是因为气流振动太猛烈了！一张纸经过几轮翻折，内部被分割成了若干个狭小的空间，然后你捏住它的"尖嘴巴"猛然一甩，那些小空间中的空气会在一瞬间涌出，于是发出了巨大的爆裂声。

知识链接

我们都知道爆炸可能造成建筑损毁、人员伤亡，后果是相当可怕的。但是"定向爆破"就不一样了，这种爆破技术主要应用于废弃建筑的拆除，以及土地平整等工程施工环节当中，大大节约了人力、物力。

艾米看到克莱尔快速喝光了一袋牛奶，就剩下一个扁扁的袋子。

"艾米，来，我们用牛奶袋子玩个爆破游戏吧！"克莱尔指着牛奶袋子，兴奋地说道。

"喵——我要躲起来了。"艾米把自己藏在被子底下，只用两只眼睛盯着克莱尔和他的牛奶袋子。

这时，克莱尔将牛奶袋子吹得鼓鼓的，又用细绳扎紧了袋口。

"艾米，把耳朵捂住！现在我要踩一脚搞个破坏！"他把袋子放在地上，同时抬起脚踩向袋子。只听见砰的一声，牛奶袋子被克莱尔踩爆了。

"喵——克莱尔，袋子为什么会爆炸？"艾米慌张地跑过来问。

"因为我这一脚踩下去，袋子里的空气急剧压缩，它们冲出袋子的时候引起空气振荡，于是就发出一声巨响！"

电话线扭啊扭

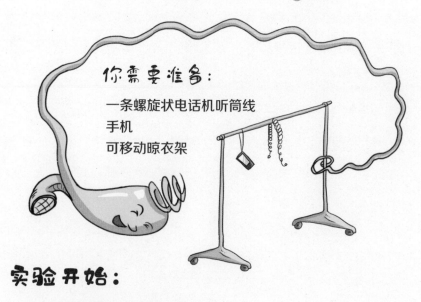

你需要准备：

一条螺旋状电话机听筒线
手机
可移动晾衣架

实验开始：

1. 将晾衣架挪到自己面前；

2. 将电话线吊在晾衣架上；

3. 当电话线状态稳定不再上下弹动之后，打开手机播放音乐，声音大一点儿；

4. 将播放音乐的手机放在电话线旁边，观察电话线的状态。

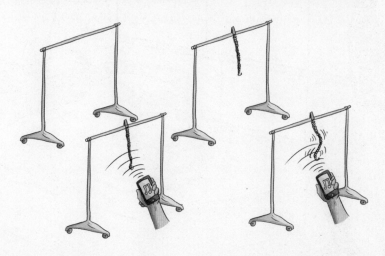

有趣的现象：

虽然说这根螺旋形电话线是有弹性的，但是如果没人碰它，它还是会安安静静地保持不动的。奇怪的是，当手机对着电话线唱歌的时候，这根电话线又开始弹动了。

跳舞了，电话线在跳舞！克莱尔，是你吹它了吗？

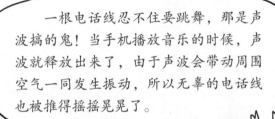

一根电话线忍不住要跳舞，那是声波搞的鬼！当手机播放音乐的时候，声波就释放出来了，由于声波会带动周围空气一同发生振动，所以无辜的电话线也被推得摇摇晃晃了。

知识链接

声波在空气中传播时，能量并非一成不变，所以声波所过之处，部分空气分子被迫结合得更紧密，还有部分空气分子由于振荡拉开了距离。这样一来，你就会看到那根弹动的电话线，每个螺旋圈之间的距离是不一样的。

"艾米，美妙音乐人人爱，纸条听了也会跳起舞来，你相信吗？"克莱尔拎着一沓长长的纸条问艾米。

　　"喵——真没办法，你怎么总是说些莫名其妙的话？"

　　"你不相信？我一定要让你看看，这些纸条是如何手舞足蹈的！"克莱尔抖抖手中的纸条说。

　　克莱尔拿起正唱歌的手机靠近纸条，并且不断调大音量。这时候奇迹出现了，随着音量的增大，纸条开始抖动，好像真的在翩翩起舞似的。

　　"看来你说的是真的，可是，这是为什么呢？"艾米问。

　　"小纸条之所以翩翩起舞，是因为手机发出的声波振动了它们周围的空气，其实这个原理与声波推动电话线是一样的。"

误入"死胡同儿"

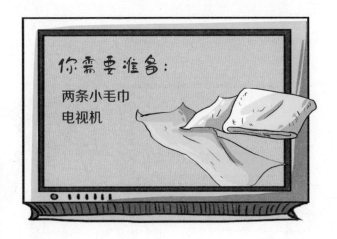

你需要准备：

两条小毛巾
电视机

实验开始：

1. 打开电视机，尽量将声音开大一点，直到自己觉得有点吵；

2. 将两条小毛巾分别卷起来，一手握着一条卷起的小毛巾；

3. 双手分别把两团小毛巾捂在耳朵上，感受电视机传出声音的变化。

有趣的现象：

　　不断被放大的电视机的声音很快就变成了噪声，简直令人难以忍受。但是，两条小毛巾及时救了你，只要用它们捂住耳朵，听到的噪声就会变小。

哦，真的不吵了！克莱尔，是谁把噪声赶跑了？

哈哈，当然是超人克莱尔联合小毛巾，我俩合起伙来赶跑了讨厌的噪声！小毛巾这样的针织物密度很小、质地柔软，所以噪声想要穿过它传到耳朵里是一件非常困难的事情。

知识链接

　　我们都知道，家中使用的防盗门往往是金属制成的，金属门开关的时候通常会发出很大的声响。所以，优质防盗门的两层门板之间都会放上诸如隔音棉一类的填充物，目的就是吸收门自身发出以及门外传来的声音，从而达到隔音的效果。

"克莱尔，难道你要换一条新被子吗？"艾米指着一卷白白的好像羊毛毡子一样的东西，问道。

"艾米，这个是隔音棉，它可没法当被子盖。"

"隔音棉，干什么用的？"

"我想把它粘在汽车引擎盖内部，这样就可以过滤发动机的噪声了。"

"管用吗？"艾米表示怀疑。

"当然管用了！隔音棉是由许多防火纤维交织在一起构成的，有很多小孔洞。发动机传出的声波大部分会被它吸收，最终变得比较微弱。"

声音是个"捣蛋鬼"

你需要准备：

小型密封盒
一桶水
有外放功能的MP3
一把较大的锁头（也可
　以是其他重物）

实验开始：

1. 打开MP3并且调大音量，确保它的声音够大；

2. 将正在播放的MP3和锁头一起放进密封盒，盖好盖子；

3. 把密封盒放进水桶，看它完全沉入水中；

4. 等到密封盒不再移动之后，观察水面变化。

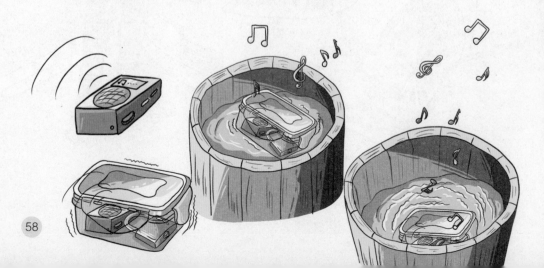

有趣的现象：

由于锁头比较有分量，所以装有MP3的密封盒顺利沉入水下，晃了一会儿便停住了。这时你会发现，水桶里原本平静的水面出现了波纹。

> 咦，水波纹！克莱尔，我俩都没有碰那个水桶，怎么会出现波纹呢？

> 其实这是声音在捣乱！因为闷在密封盒里的MP3依旧放着歌，所以声波会不断释放出能量，导致桶里的水发生了振动，这也充分证明了声音是可以在水里传播的。

知识链接

如果依照频率进行分类，声波可以分为3种类型，分别是：频率介于20赫兹和2万赫兹之间的可听波、频率低于20赫兹的次声波、频率大于2万赫兹的超声波。

"哇，好漂亮的小金鱼，这是送给我的吗？"艾米伸出猫爪，想要摸摸鱼缸里新来的小鱼。

　　"没错，它就是你的新朋友，我们给小鱼取个名字吧！"

　　"好，叫它大卫，漂亮的大卫！"艾米拍着猫爪说道。

　　"哦，这名字太棒了，让我们鼓掌欢迎大卫的到来吧！"克莱尔一边说，一边对着鱼缸大声鼓掌。

　　可是，小鱼大卫好像一点儿都不领情。当掌声响起的时候，它开始在鱼缸里乱窜，似乎很烦躁的样子。

　　"克莱尔，大卫不想和你做朋友，对不对？"艾米望着克莱尔不解地问道。

　　"那倒不是，应该是因为我鼓掌的声音传到水里，不断扩散的声波让它觉得很吵闹。"

神奇的纸杯

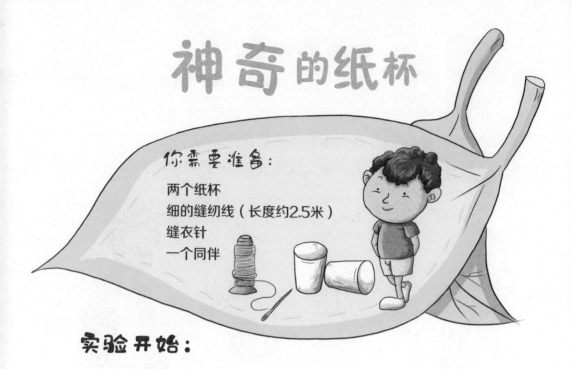

你需要准备:

两个纸杯
细的缝纫线（长度约2.5米）
缝衣针
一个同伴

实验开始:

1. 把细线穿在缝衣针上;

2. 拿起一个纸杯,把穿线的缝衣针从杯口伸入,穿透杯底,将细线拉出来,并在杯底内侧打结;

3. 拿起另一个纸杯,将缝衣针从杯底外侧穿入,从杯口出来。取下缝衣针,杯底内侧的线头打个结;

4. 你和同伴一人拿起一个纸杯,让他走到门外,尽可能走远一点,直到听不到你的声音为止;

5. 你关好房门,把线绷直,对着纸杯口说话,让同伴将纸杯放到耳边感受声音的变化。

有趣的现象：

你的同伴走到门外，直到听不到你的声音了，他才停住脚。这时你轻轻关上了房门，开始对着杯子讲话。没想到，同伴竟然听到了你的声音，就像通电话一样和你聊了起来。

哈哈，听到了，听到了！克莱尔，难道纸杯变成了电话？

没错，纸杯变成了电话，因为声音顺着细线爬，原原本本地将声音送进了耳朵里！声音的传播需要一定的媒介，当你对着手中纸杯讲话的时候，声波就会沿着两个纸杯之间的细线传出去，一直传到细线另一端的纸杯。而声音在固体中的传播速度比在空气中要快很多。

知识链接

声音虽然能够在空气里传播，但是传播的距离十分有限。如今我们可以通过手机、固定电话等通信设备听到千里之外的声音，其实是电磁波的功劳。只有通过电缆等器材将声波转化成电磁波，声音的长距离传送才可能顺利实现。

"咦，怎么没声了？克莱尔，快来！你的纸杯电话坏了！"艾米发现纸杯电话没声了，于是喊克莱尔来帮忙。

"我来了！很抱歉，我把'电话线'弄断了，真不是故意的哦。"克莱尔拎着他的"听筒"站到艾米面前。

艾米这才发现，连在两个纸杯之间的细线居然断了。

"哦，明白了，声音从你嘴巴里传出来，顺着细线爬啊爬，突然就没路了——是这样吗，克莱尔？"艾米醒悟道。

"你说得太对了，声音没路可走了，这简直是个完美的比喻。"克莱尔摸着艾米的脑袋，赞扬道。

说句悄悄话

你需要准备：
一个同伴
毛绒耳包

实验开始：

1. 把毛绒耳包戴上，让同伴站在你旁边，两人相距大约10厘米；

2. 请同伴对你说话，努力倾听；

3. 请同伴把嘴巴贴在你的背上说话，感受耳朵所听到的声音变化。

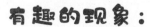

有趣的现象：

由于耳朵被耳包堵上了，虽然同伴在旁边大声说话，但你几乎什么也听不到。奇怪的是，当同伴把嘴贴在你的背上说话的时候，你竟然听见了！

听到了，真的听到了！克莱尔，我为什么能听到背后的声音？

站在旁边听不见，那是因为声音没找到钻进耳朵的通道！当我站在你旁边的时候，声音传到耳包就被拦住了。但是当我站到你背后，把嘴巴贴在你背上说话的时候，声音就可以沿着骨骼传到耳朵，所以你就听到了。

知识链接

有些动物的耳朵非常奇妙，比如夜蛾的耳朵竟然长在肚子上，不仅生长位置有点奇怪，而且数量很多。更神奇的是，夜蛾的耳朵可以敏感地觉察到蝙蝠发出的超声波，从而帮助夜蛾躲避天敌的追捕。

"我要捂住你的耳朵，艾米！"克莱尔把大手放在艾米耳边说。

"为什么，为什么要捂耳朵？"

"因为不捂住耳朵就不知声音多奇妙啊！我捂住你耳朵之后，你磕一磕自己的上下牙。"克莱尔吩咐完后，就捂住了艾米的耳朵。

"啊，克莱尔，我听到了自己牙齿碰撞的声音！"

"这就对了！牙齿撞击发出的声音，也是通过骨骼传进耳朵的，确切说是传到了耳朵里的鼓膜，如果鼓膜不震动，我们是不可能听到声音的。"

巨大的怪声

你需要准备：

一根细绳（长度约1米）

一把瓷勺（勺柄上要有孔）

一个同伴

实验开始：

1. 把细绳穿进勺柄的孔里；

2. 细绳的一头缠在左手手指上，另一头缠在右手手指上，分别打个结；

3. 两个缠着绳子的手指头各自塞进耳孔；

4. 请同伴把勺子移动到绳子中间，并且来回晃动勺子，你来感受声音的变化。

有趣的现象：

勺子在细绳上滑来滑去，不会发出多大的声音。但是，当你把缠着细绳的手指头塞进耳孔，请同伴晃动勺子的时候，耳朵里的声音突然变大了，简直是轰隆作响。

天哪，轰隆轰隆吵死了！克莱尔，你听到了吗？这是什么声音？

这个啊，其实是勺子晃动的声音！你把手指塞进耳孔，表面上看是把耳朵堵住了，但事实上，勺子晃动的声音沿着绳子直接送到了耳朵里，能量损失反而变小了，这样一来，原本轻轻的声响瞬间就变成了轰鸣。

知识链接

我们都知道，声音是有大小之分的。通常来讲，频率越低的声波，在传播过程中能量损失越小，从而能够传到更远的地方。轮船的雾号往往发出低沉的声调，就是为了能被远处的人听到。

"艾米，我们换个姿势，把手指拿出来再听一次好吗？"克莱尔对玩得不亦乐乎的艾米说道。

"来吧，尽管来！"

艾米伸开胳膊，抻起细绳，就像玩悠悠球似的。克莱尔来回晃动细绳，这个动作跟刚才的实验没什么分别。

"咦，轰隆声去哪儿了？"艾米转着它的小耳朵，努力捕捉勺子摩擦细绳发出的声响。

"哈哈，两边都是'大悬崖'，所以走到绳子尽头的声音突然变得很迷茫！没有细绳做媒介，很大一部分音量都损失在空气里了。"克莱尔比比画画地解释。

"唉，故弄玄虚的克莱尔！你就直说声音本来想找我的耳朵，但是它迷路了，我就懂了。"

跳呀跳个舞

你需要准备：

一小撮碎纸屑
一个纸杯
手机

实验开始：

1. 把碎纸屑丢进杯子里，再将杯子平放在桌面上；

2. 让手机播放一段音乐；

3. 一手扶住装着纸屑的杯子，另一只手拿起唱歌的手机，让它靠近纸杯；

4. 观察杯中纸屑的状况。

有趣的现象：

你的手扶住了杯子，就是为了不让它摇晃。但是，当放音乐的手机靠近纸杯的时候，杯中的纸屑开始蹦跳，好像随着音乐翩翩起舞一样。

天哪，小纸屑在跳舞！克莱尔，你偷偷对它们吹气了？

啊，我真的没做吹气的小动作，其实是纸屑自觉跳起了舞！当手机对着纸杯放音乐的时候，空气产生了振动，这种能量又传给了纸杯，小小的纸屑经不起颠簸，就跳了起来。

知识链接

我们都知道，人类可以讲话，动物可以发出各种各样的叫声。但是，你知道吗？包括人在内的大多数生物是用声带发声的，而那个特爱唱歌的蟋蟀却没有声带。原来，蟋蟀发声的方式比较特殊，它是通过摩擦翅膀发声的。

"艾米，你瞧！多么清澈的一杯水，水面也光滑如镜——我们暂时不要打扰它，好吗？"克莱尔指着桌上的水杯说道。

　　"好吧，就看你了，反正我不会那么无聊的。"为了表示诚意，艾米坐在椅子上，远远望着那杯水。

　　"我们也不能太无聊，不如来段音乐吧！"说着，克莱尔又打开手机放音乐，并且把唱着歌的手机放到了水杯旁边。

　　这时艾米发现，水杯中原本平静的水面有了变化，它泛起了波纹。

　　"咦，水听到了音乐，对吗？"艾米明白了。

　　"说得太对了！正是声音在水中传播，让水面起了涟漪。"

风铃的二声部

你需要准备:

一个圆口的小风铃
家用的擀面杖

实验开始:

1. 一手拿着风铃,让它口朝下,晃动风铃,倾听声音;

2. 另一只手握住擀面杖,让它沿着风铃的边缘摩擦,一圈一圈地摩擦;

3. 直到风铃被蹭出嗡嗡声,才停止摩擦;

4. 迅速摇一摇风铃,再倾听声音。

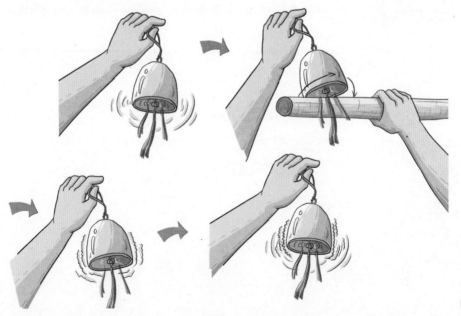

有趣的现象：

用擀面杖摩擦风铃，这好像是个莫名其妙的动作，等了好一会儿，你终于听到风铃发出了不一样的嗡嗡声。此时你立刻停下，同时用手摇晃铃铛。天哪，这个小铃铛竟然同时发出了两种声响！

哇，又是嗡嗡又是丁零，真是与众不同的风铃！克莱尔，它是怎么办到的？

小风铃之所以能同时发出两种声音，是因为两种振动同时发生在它身上！摩擦和摇动是两种不同的产生振动的方式，它们会让风铃发出不同的声响。当你停止摩擦的时候，这种振动的余波还没消失，摇晃紧接着便开始了。也就是说，嗡嗡声还没来得及停止，铃舌撞击铃壁的声音已经响起来了，于是就产生了声音叠加的效果。

知识链接

近年来，我们经常在音乐比赛的时候，听说有歌手唱的是海豚音。其实真正的海豚音指的是海豚发出的高频率超声波，而人类是不可能发出超声波的。声乐界所谓的海豚音只是个形容词，用来形容高音歌唱家所唱出的极高的音调。

74

"真好听啊，美妙的二声部！"克莱尔闭着眼睛，摇头晃脑地赞美道。

原来，他正坐在沙发上，听电视里的音乐会。

"喵——什么二声部，喊两声就算是二声部吗？"艾米站在克莱尔面前，奇怪地问道。

"那可不行！二声部是两种不同的声音配合起来，同时演奏或者演唱。"克莱尔想了想，对艾米解释道。

"两种声音？就是你的声音和我的声音吗？"

"也不对，两种声音其实指的是高音和低音，或者说是音色不同的两种声音。"克莱尔望着艾米说道。

一个大嗓门儿

你需要准备：

半张白纸
手机
胶水

实验开始：

1. 把半张白纸卷成喇叭状的小纸筒，使它一头尖一头圆；

2. 用胶水将纸筒对接的两条边粘起来；

3. 把纸喇叭的尖头固定在手机播放口；

4. 打开手机放音乐，倾听发声状况。

有趣的现象：

你把纸卷成了小喇叭，把它固定在手机播放口，这样看起来，手机仿佛长了个大嗓门儿。当你用手机播放音乐的时候，它发出的声音变大了。

天哪，手机唱歌的声音变大了！为什么？

那是因为声音找到了出门的通道！只要手机开始播放音乐，声音就会立刻跑到手机播放口，这时你插上了小纸筒，就相当于给手机装了个扩音器，于是音乐声音就变大了。

知识链接

扬声器俗称喇叭，它的种类有很多。如果按照能量转换原理，可将其分为静电式、电动式、电磁式、压电式等几种；如果按声音频率范围，可分为低频、中频和高频等类型。

"这里面的声音是怎么跑出来的呢？"艾米拍拍桌上的手机，问道。

"其实手机内部传出来的是电信号，当电信号转变为声信号后，我们就能听到声音了。"

"怎么才能变呢，克莱尔？难道这是个魔术吗？"艾米好像听故事一样，眨了眨大眼睛。

"手机想要变魔术，全靠扬声器来帮忙！艾米，你知道吗？手机里都有一个内置的扬声器。"

"扬声器？什么电波变声波，就是它干的吗？"艾米没搞懂。

"没错，声音就是通过扬声器完成转化，然后再被播放出来的，而喇叭把扬声器发出的声音进一步扩大，所以我们才可以尽情地听音乐。"

古怪的歌曲

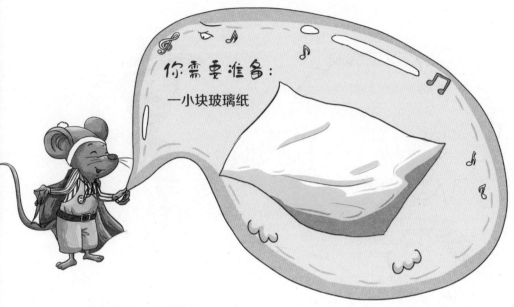

你需要准备：

一小块玻璃纸

实验开始：

1. 双手拿起玻璃纸，尽量把它撑得很平整；

2. 将手中玻璃纸举到嘴边，并且对它吹气；

3. 倾听玻璃纸发出的声音。

有趣的现象：

当你把玻璃纸凑到嘴边，一口接一口地对它吹气时，这个小东西仿佛非常不满。很快，它就打破了沉默，唱起了古怪的歌曲。

难听难听，快停下！克莱尔，玻璃纸在抗议，抗议你对它吹风对不对？

嗯，看来我吹得太快了！玻璃纸发出的声音是气流振动形成的，吹气吹得越快，意味着玻璃纸振动频率越快，它的音调一定会随之增高的。

知识链接

所谓噪声，就是音高与音强变化混乱，听起来特别刺耳的声音，这种声音是由发音体不规则的振动造成的。工业噪声、汽车噪声……都是我们生活中时常遇到的噪声污染。目前，相关部门已经采取了各种方法加以治理，如营造隔音林、加筑隔音材料等，尽量减少城市中的噪声污染。

"哇！树叶都能当乐器，我可以叫你'天才克莱尔'吗？"艾米崇拜地蹭了蹭克莱尔。

原来，克莱尔正拿着一片树叶放在嘴边吹奏。

"天才谈不上，天赋还是有的。哈哈！我是不是太谦虚了，艾米？"克莱尔美滋滋地说。

"那么，有天赋的先生，你不想给我解释一下这是怎么回事吗？"艾米问。

"当然，这是应该的。当我把树叶靠近嘴唇，对它吹气的时候，树叶就会产生不同频率的振动，由此产生不同的音符。"

"我也吹了，怎么听着都不像歌曲呢？"艾米叼着一片树叶问。

"这个嘛，台上十分钟，台下十年功，这个真的得勤学苦练才行！"

听歌跳舞的影子

你需要准备:

一个卫生纸芯筒

一小块双面锡纸（面积至少为芯筒口的2倍）

橡皮筋

手电筒

实验开始:

1. 把锡纸裹在卫生纸芯筒的一端，用橡皮筋固定住；

2. 拉上窗帘，尽量降低屋子的亮度；

3. 一手握住卫生纸芯筒，将裹着锡纸的那头朝向墙面；

4. 另一只手举着打开的手电筒，让裹着锡纸的芯筒在墙壁上投影；

5. 对着空着的筒口唱歌，观察墙壁上影子的状态。

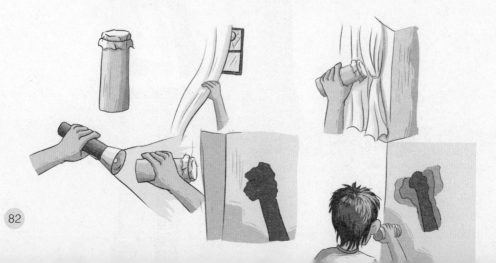

有趣的现象：

你把卫生纸芯筒当成了麦克风，对着它唱起了歌。这时，投在墙上的芯筒影子，竟然随着歌声发生了变化，一蹦一跳的，像是跳起了舞。

哇，影子在跳舞，好像燃烧的火苗一样！克莱尔，是你在摇晃芯筒吗？

我发誓绝对没有摇晃它！艾米，卫生纸芯筒的确在晃动，但是晃动它的不是我的手，是我的歌声。当我对着筒口唱歌时，声音振动了芯筒内的空气，继而推动了芯筒另一端的锡纸，这样一来，投在墙壁上的影子就发生了变化。

知识链接

麦克风这个名字是由英文Microphone译成的，它的学名叫作传声器，是一种能量转换仪器。它可以将声音信号转变为电信号，还能扩大音量。

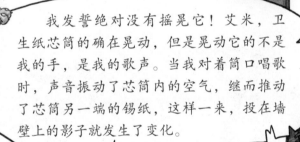

"跳跃烛光一点点，这样的晚餐真让人感到温馨！你一定也这样认为吧？"克莱尔一边点蜡烛一边对艾米念叨。

　　"哦，多情的克莱尔——如果我认同，你能帮我剥虾吗？"

　　"呵呵，当然啦，艾米的指示永远排在第一位！"克莱尔笑了笑开始剥虾了。

　　"快看，克莱尔，墙上的影子在跳动！"艾米指着墙壁上的投影，惊喜地喊道。

　　"真的？艾米，稍等一会儿，我有悄悄话要对烛火说。"

　　克莱尔凑到跳跃的小火苗跟前，对它叽里咕噜说起了话，然后艾米发现，墙上的影子也随着克莱尔话音的高低跳跃有序。没错，这也是声波的力量造成的。

纸片的乐声也悠扬

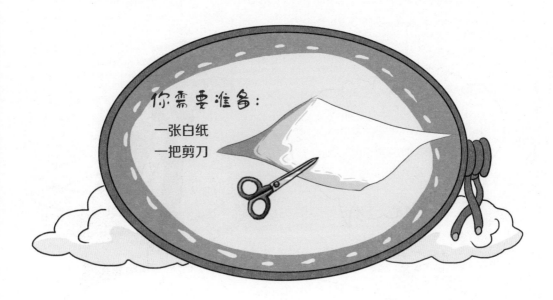

你需要准备：

一张白纸
一把剪刀

实验开始：

1. 将白纸反复对折，折成了一个有着多条脊背，可以自由拉动的手工艺品；

2. 用剪刀在折纸的脊背上剪下一块；

3. 用手捏住折纸两端，放到嘴边，向剪下的地方吹气并倾听声音。

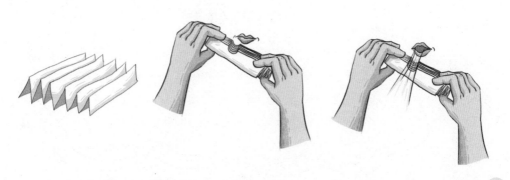

有趣的现象：

当你用手指夹住折纸的两端，并且对着纸上的洞洞吹气时，呜呜的声音很快传了出来。如果你时快时慢，不停变换吹气的节奏，呜呜声的节奏也会随之发生变化。

哇，好像一把口琴！白纸折一折就变成了会唱歌的口琴，这怎么可能呢，克莱尔？

声波追着空气跑，所以平凡的白纸变成了乐器！当你对着折纸吹气的时候，临近的纸片发生了抖动，从而带动附近空气的振动，当较多的空气争相冲出洞洞的时候，音乐声就形成了。其实口琴的发声原理就是这样的。

知识链接

如果按照乐器相关规范进行分类，口琴属于簧鸣乐器，它是一种小型的吹奏乐器，是通过金属簧片振动发出声音的。其琴身呈长方形，不同口琴的大小、长短各有差别，常见口琴为24孔的。

"快看，它变样了！"

克莱尔重新折了折那把纸做的口琴，让它的折处变得有高有低。

"干吗？克莱尔，你很闲，是不是？"

"艾米，我在造琴，造一把会变调的琴！"

克莱尔说完，按照实验的方法，又开始吹奏那把改造过的纸琴，没想到，他竟然吹出了高低不同的呜呜声。

"变调了！为什么，克莱尔？"

"很简单，经过我的调整，这把纸琴的共鸣腔变得大小不一，其中容纳的空气多少也不同了，这样一来，每个洞洞发出的声音自然也就有了区别。"

美妙八音杯

你需要准备：

8个大小相同的高脚玻璃杯
水
筷子

实验开始：

1. 8个高脚杯排成一字形；

2. 向高脚杯内倒水，使8个高脚杯的水位线依次升高，且都不满；

3. 用筷子分别敲击8个高脚杯的杯沿，倾听声音的变化。

有趣的现象：

8个高脚杯分别装了水，且水量都不一样。然后，你拿起一根筷子，像鼓手那样，分别对8个杯子进行敲打。仔细倾听你就会发现，原来这几个杯子都会唱歌，而且发出的声音有高有低，各不相同。

哦，清脆悦耳的音乐声！克莱尔，你是怎么让高脚杯学会唱歌的？

高脚杯成了音乐小天才，它们竟然能唱出高低不同的音调来，水的功劳不能不说！艾米，你敲击杯子使杯子振动，从而引起水的振动，两种振动共鸣，于是发出美妙的乐声。而声音的高低则与高脚杯中的水量密切相关，确切地说，水少声音高，水多声音低。

知识链接

所谓共鸣腔，就是某一发声物体的声波发生反射的地方。乐器都有共鸣腔，例如小提琴的琴箱，以及各种鼓的鼓身部分。人体也有共鸣腔——胸腔、口腔和头腔。

"敲吧，艾米，让我们一同感受音乐的美妙！"克莱尔指着一个装着水的高脚杯，兴奋地说。

　　叮当，艾米敲了杯子一下。克莱尔给杯子添点水，艾米又敲一下……

　　"喵——灌一点水，音调就会低一点，这是因为杯子里的共鸣腔越变越小了，对不对，克莱尔？"

　　"没错，刚才我们用8个杯子调出了8个音阶，其实只要耐心一点，完全可以调出12个全音阶哦！"

围追堵截

你需要准备：

硬纸板（长20厘米，宽8厘米）
锥子
透明胶

实验开始：

1. 把硬纸板沿长边卷起来，卷成一个圆筒，使其长20厘米，直径大约2厘米；

2. 用透明胶把圆筒的接缝粘起来，并将两头封住；

3. 参照真笛子的样子，用锥子给纸筒笛子钻5个距离相等的孔；

4. 对着纸筒笛子上的不同的孔吹气，倾听声音的变化。

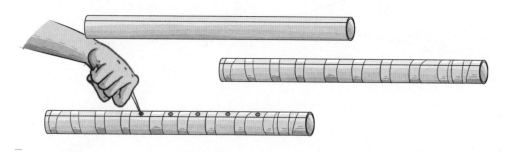

有趣的现象：

简陋的纸筒笛子制作完成，你开始吹奏乐曲了，就像真正的乐手那样，不停变换手指的位置，堵住笛子上不同的孔。这时你会发现，每次吹出的声音都是不同的。

天哪，真的有点像笛声！克莱尔，你是怎么办到的？

哈哈，纸筒变笛子，那是因为手指头不识相，它们总要来挡路！笛身上的吹孔是笛子发声的重要通道，当你对着吹孔把气吹进笛子之后，空气还要从其他吹孔涌出来。一旦某个吹孔被堵住，导致管中气流不畅，笛子就能吹奏出音乐了，而不同的吹孔被堵住，笛子就能发出不同的乐声。

知识链接

笛子是一种管乐器，它结构简单，外表也不华丽。但是笛子模仿大自然的风声、水声，尤其是各种各样的鸟鸣声，堪称一绝！能够用来制作笛子的材料不算少，例如玉料、石料，不过音色最好的还是竹笛。

"克莱尔，为什么笛子吹不出声，它被你吹坏了是不是？"

看得出来，艾米吹得很卖力，可是它的纸筒笛子罢工了，无论如何都不出声。

"笛子不出声，那是因为吹孔没堵上，气流太通畅了。"

"可是，我还是想不明白，堵不堵那些洞洞有什么关系？"

"这很简单，如果一个吹孔都不堵住，笛筒就形同虚设，相当于我们对着空气吹气一样，是不可能吹出声的。"

无辜被拖累

你需要准备:

两个相同的玻璃杯
水
筷子
铁丝
一个同伴

实验开始:

1. 分别给两个玻璃杯加水;

2. 用筷子分别敲打杯口,仔细听两个玻璃杯发出的声音是否一样;

3. 若是两个玻璃杯发出的声音不同,便请同伴帮忙往玻璃杯里加水,同时你用筷子敲玻璃杯,并倾听声音;

4. 等两个玻璃杯发出的声音一样时,停止加水和敲打;

5. 将铁丝架在其中一个玻璃杯的杯口上,并用筷子敲打没放铁丝的玻璃杯,观察铁丝的反应。

有趣的现象：

当你敲打没放铁丝的玻璃杯时，另一个玻璃杯杯口上的铁丝竟然跳起了舞。你慢慢挪动被敲打的那个玻璃杯，向放铁丝的玻璃杯靠近，边敲边挪。铁丝终于受不了了，跳下了杯口。

天哪，铁丝掉下来了！你碰它了吗，克莱尔？反正我没有碰它。

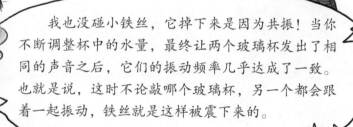

我也没碰小铁丝，它掉下来是因为共振！当你不断调整杯中的水量，最终让两个玻璃杯发出了相同的声音之后，它们的振动频率几乎达成了一致。也就是说，这时不论敲哪个玻璃杯，另一个都会跟着一起振动，铁丝就是这样被震下来的。

知识链接

我们时常会用共鸣这个词来形容某人的情绪受到了影响。其实，声学上也有共鸣一说，它和共振是同义词，声音共鸣可以放大声量，从而起到强化乐器表现力的作用。笛子、二胡、琵琶、箫等大多数乐器都有一个共鸣腔，有的是腔筒，有的则是琴身。

"咦，为什么没掉，它是一枚坚强的硬币对不对？"艾米拍着猫爪问道。

原来，克莱尔又在敲杯子，只不过把另一个杯子上的铁丝换成了一枚硬币，但是敲来敲去，硬币都没掉下去，这让艾米很好奇。

"硬币坚强的秘密就在我手里，艾米，你猜是什么？"

"我猜你没用力？"艾米说。

"不，我敲得手都酸了。"克莱尔可怜巴巴地说。

天才小猫咪艾米左看右看，终于察觉了秘密所在，原来两个杯子里的水已经不一样多了，所以共振消失了！

珠珠宝贝跃龙门

你需要准备：

一个不锈钢洗菜盆
水
两根直钢尺

实验开始：

1. 给洗菜盆加水，水量大约九分满；

2. 把两根钢尺分别搭在水盆盆沿的两侧；

3. 让两根尺子在盆沿来回摩擦，动作要快；

4. 观察盆中水的状况。

有趣的现象：

当你来回摩擦盆沿的时候，水面很快出现了波纹，随着你摩擦的动作越来越快，水面的波纹也越来越密集。摩擦到了一定速度时，水珠就会跳出水面，就好像从池塘中跳出来喘气的小鱼一样！

哇，跳出来好多小水珠！克莱尔，它们怎么跳出来的呢？

神奇的水珠不停地跳，那是因为振动产生了！当你用尺子摩擦盆沿的时候，摩擦发出的声音的能量立刻传递给了盆里的水，引起水的振动，当水的振动达到某种频率的时候，水珠就被振出来了。

知识链接

振动的强弱用振动量来衡量，振动量如果超过允许范围，机械设备将产生较大的动载荷和噪声，从而影响其工作性能和使用寿命，严重时会导致零部件过早失效。

"艾米，难道水盆里藏着秘密？让我也看看好吗？"克莱尔凑到艾米身旁，奇怪地问。

原来艾米蹲在水盆边上，望着平静的水面出神了。

"嘘——好吧，爱看就看，不过不许吵哦。"艾米轻声说。

"那我就更好奇了！"

"我在等水珠跳出来，我想知道如果我不帮忙的话，它们能不能自己跳出来。"艾米告诉克莱尔。

"艾米，我担保水珠不会那么自觉跳出来的！"

"为什么？"

"因为装着水的容器本身有固有频率，只有水的振动频率与它一致的时候，才可能使一部分水珠脱离容器中的水跳出来。"

会学鸟叫的怪杯子

你需要准备：

两个纸杯
裁纸刀
弯头吸管
双面胶

实验开始：

1. 将其中一个纸杯扣在平滑的桌面上；

2. 拿起裁纸刀，在杯底中间的位置裁出一个三角形的小洞，小心不要划伤手；

3. 用双面胶将吸管弯头那端粘在杯底，让它的管口对着三角形洞洞的某一个角；

4. 拿起另一个纸杯，让两个杯子口对口，用双面胶将它们粘在一起；

5. 对着吸管吹气，同时倾听声音。

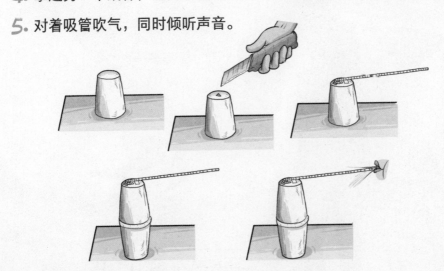

有趣的现象：

当你把两个纸杯粘到一起时，一个怪模怪样的小箱子出现了。然后，你朝粘在杯底的吸管吹气。令人想不到的是，你竟然吹出了哨声——像鸟鸣一样的哨声。

哎呀，好像鸟叫的声音。克莱尔，这两个古怪的纸杯真的会唱歌吗？

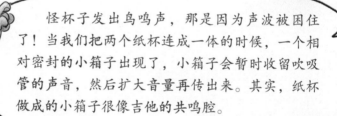

怪杯子发出鸟鸣声，那是因为声波被困住了！当我们把两个纸杯连成一体的时候，一个相对密封的小箱子出现了，小箱子会暂时收留吹吸管的声音，然后扩大音量再传出来。其实，纸杯做成的小箱子很像吉他的共鸣腔。

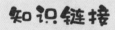

知识链接

吉他属于弹拨乐器的一种，由于大多数吉他有6条弦，所以它又被称作六弦琴。作为乐器家族中弦乐器的一员，弹奏时用一只手拨动琴弦，另一只手的手指按压指板上的琴弦就可以弹奏出美妙的音乐了。

"加油啊，克莱尔！加油吹出鸟叫声！"艾米急坏了，它抱住克莱尔的大腿，左摇右晃。

其实，克莱尔已经很卖力了，吹气吹得满脸红通通的，但是会学鸟叫的纸杯说什么都不肯再唱歌，只是偶尔发出无可奈何的呜呜声。

"唉，不是我不努力，实在是它们不肯配合。"克莱尔托着那组吸管纸杯，气喘吁吁地说道。

"什么呀，明明刚才还好好的！是你的演奏水平降低了，对不对？"艾米不相信克莱尔的说法。

"不是吹牛哦，我的演奏水平真的还不错！但是'琴箱'漏了，声波顺着缝隙跑掉了。快看，问题就出在这里。"

顺着克莱尔手指的方向，艾米果然看到其中一个杯子上有个大窟窿。

收集声音的小喇叭

你需要准备:

一张比较硬的纸（如单页宣传画）
圆规
小剪刀
双面胶
一个同伴

实验开始:

1. 用圆规在硬纸上画个圆，直径大约20厘米；

2. 用剪刀把这个圆剪下来；

3. 将剪下的圆形对折一下，剪下半个圆备用；

4. 将其中半个圆卷成喇叭的形状，并用双面胶将卷好的喇叭的接缝粘起来；

5. 用剪刀将喇叭尖头剪下一点，令其出现明显的洞口；

6. 请同伴对你说话，感受声音的状况；然后将喇叭的尖头靠近耳朵，再次请同伴对你说话，感受声音的变化。

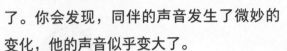

有趣的现象：

　　你组装好纸喇叭，又将它凑近耳边，这时，同伴开始和你说话了。你会发现，同伴的声音发生了微妙的变化，他的声音似乎变大了。

咦，好像很大声？克莱尔，你为什么这么大声对我讲话？

艾米，我还是那个温柔的克莱尔啊！只不过你把纸喇叭放在耳边，相当于扩大了耳廓，而耳廓的主要功能就是收集声音。耳廓越大，收集的声波就越多，所以你听到的声音变大了。

知识链接

　　我们都知道猫咪的耳朵异常灵敏，它们总能捕捉到来自周围微小的声响，例如老鼠出没的窸窣声，其原因就是猫咪的耳廓能够自如地旋转，从而接收到更多的声波。

"听听！"克莱尔敲了敲墙壁说，"你都听到了什么？"

　　"你在敲墙吗，克莱尔？——幸好声音不算大。"艾米把耳朵凑在墙边说。

　　"艾米，把爪子搭在耳朵边，再听一次好吗？"

　　艾米照做了，发现克莱尔敲墙的声音变大了。

　　"轻点儿，克莱尔！你敲墙的声音好大哦。"

　　"艾米，其实我都没怎么用力，只不过你的爪子搭在耳边，让耳朵接收声波的能力增强了而已。"

心跳声加强版

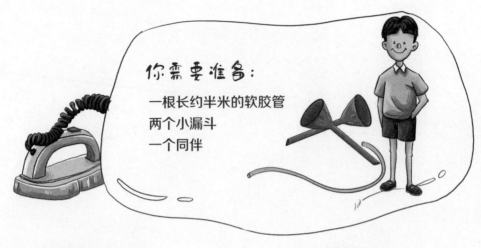

你需要准备:

一根长约半米的软胶管
两个小漏斗
一个同伴

实验开始:

1. 将软胶管的两头分别套在两个漏斗上,把两个漏斗连在一起;

2. 把耳朵贴近同伴心脏的位置,倾听心跳的声音;

3. 拿起两个连着的漏斗,其中一个扣在同伴心脏的位置,另一个漏斗放在自己耳边,再次倾听声音。

有趣的现象：

当把耳朵贴在同伴的心脏位置时，你能听到他的心跳声，只是声音不算大。但是，当你把一个漏斗扣在同伴心脏的位置，通过另一个漏斗听他心跳声的时候，声音仿佛一下子变大了。

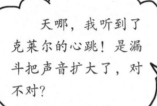

天哪，我听到了克莱尔的心跳！是漏斗把声音扩大了，对不对？

没错，我们的心脏一直在跳，跳的同时发出咚咚的声响，但是这种声音想要传出来，必须穿透皮肤以及各种内脏器官，这样一来，心跳声就会变得十分微弱了。而漏斗便充当了扩音器，就好像医生的听诊器。

知识链接

简单地说，只要让声音的扩散范围小一点，声音损失的能量就会少一些，相应地，我们听到的声音就会被扩大。比如，我们向远处呼喊时，往往用双手在嘴边做成喇叭状，这样可以有效减少声音的扩散。

"克莱尔，听诊器为什么能把心跳声变大呢？"

"那是因为听诊器会把心跳传出的声波扣在它的'小碗'里。"

"扣住之后呢？"艾米着急地询问。

"声波只是被暂扣在'小碗'里，接下来它会通过胶管传到医生的耳朵里。因为传播路途较短，而且一路上有所依附，所以患者心跳声的能量损失就会大大减少。这样一来，医生听到的心跳声也就变大了。"

关起"门"来听一听

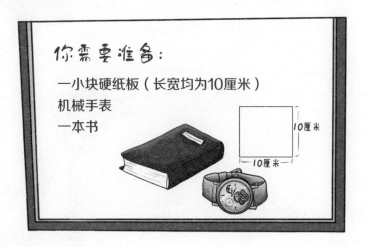

你需要准备:

一小块硬纸板（长宽均为10厘米）
机械手表
一本书

10厘米
10厘米

实验开始:

1. 把硬纸板对折两次，折成一个类似小屋顶形状的三角形；

2. 把正在走时的机械手表放在三角形纸板下；

3. 把书靠在三角形纸板上，挡住手表，只留一点出口；

4. 捂住一只耳朵，把另一只耳朵凑近那个没挡住的出口，倾听
   手表发出的嘀嗒声。

有趣的现象：

手表发出的嘀嗒声本来很弱，但是当你把它放在三角形纸板下，并且用书将手表裸露的地方挡住大部分后，嘀嗒声突然变得异常清晰起来。

天哪，好清晰的嘀嗒声！克莱尔，声音为什么会变大、变清晰呢？

声音突然变大、变清晰，那是因为外界的嘈杂声被隔绝了！我们知道，声音传播是需要能量的，所以传得越远能量损失越大，音量也就越微弱，但是由于书的遮挡，嘀嗒声刚传出就被弹了回来，能量损失较小，音量也就相对变大了。

知识链接

机械表的机芯结构比较复杂，所以它走时的误差也比较大，正常情况下，一天的误差在45秒以内都是被允许的。

手表走时的声音真好听，艾米闭着眼睛听它嘀嗒嘀嗒，可是听着听着，声音就变小了。

　　"咦，嘀嗒声好像变小了？克莱尔，是你在背后捣鬼吗？"

　　"嘀嗒声变小了，那是因为通道被打开了！"

　　"通道，什么通道？"

　　"你睁眼看看，我已经把纸板前面的那本书拿走了，这样一来，声音一路畅通，早跑远了。"

　　"声音越跑越没劲儿，是这样吗？"艾米恍然大悟道。

　　"对，你太聪明了！"克莱尔拍拍艾米的脑袋说。

吸管音乐会

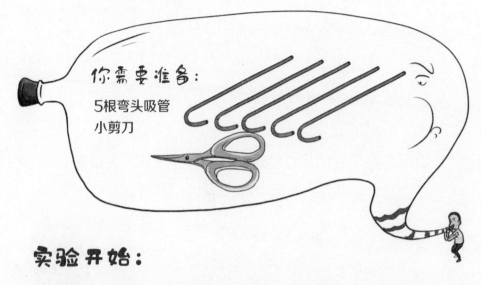

你需要准备:

5根弯头吸管
小剪刀

实验开始:

1. 拿起一根吸管，将弯头那端拍扁（拍扁的长度约为2厘米），吹一吹听声音;

2. 换一根新吸管，先用剪刀将尾端剪掉1厘米，再按上一步骤将弯头那端拍扁，再吹一吹听声音;

3. 不断重复前两个步骤，得到5根长短不一的吸管，分别吹吹，感受声音的变化。

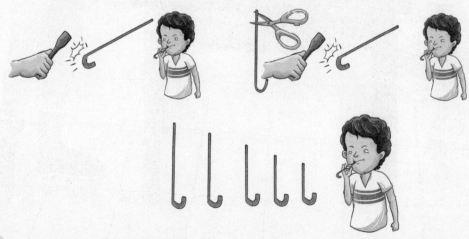

有趣的现象：

你有一大把吸管，一根接一根地剪短和拍扁，使得每根吸管长短不一。很快你就会察觉到，吸管的长度不同，吹奏出的声音也不相同。

天哪，吸管音乐会！克莱尔，为什么吸管会发声，而且它们发出的声音还不一样呢？

吸管会发声，那是因为弯口被压扁，从而使吹进的气流无法正常通过！当你把吸管剪得长短不一之后，每个吸管的"肚子"就不一样大了，也就是它们的共鸣腔大小是各不相同的。这样一来，它们发出的声音也就不同了。

知识链接

如果简单地归纳乐器的用法，那无非是：吹拉弹唱。吹奏乐器是乐器大家族当中的一大种类，如果从外形上判断，大多数吹奏乐器是由带孔的管子组成的。中国民族乐器中的常见吹奏乐器有笛、箫、笙等。

克莱尔拿来一堆长长短短的玻璃试管，也不知道要玩什么，看得艾米莫名其妙。

"克莱尔，弄这么多玻璃试管做什么？"

"7个玻璃试管要开音乐会了，它们个个都是'音乐家'！"克莱尔一边说，一边把那些玻璃试管按长短顺序摆在试管架上。

"想吹一吹这些玻璃试管'音乐家'吗，艾米？"克莱尔微笑着问艾米。

艾米挨个吹玻璃试管口，发现每个玻璃试管发出的乐声都是不同的。

其实，这正是因为每个玻璃试管长短不一样，从而使得它们的共鸣腔也大小不一，所以它们发出的声音也就各不相同了。

消声的收音机

你需要准备：

一台收音机

一块双面锡纸（对折后的面积至少为收音机的2倍）

实验开始：

1. 把锡纸折成棚子的模样；

2. 打开收音机，确保它是正常发声的；

3. 用锡纸折成的棚子将正在发声的收音机扣住，同时倾听声音的变化。

有趣的现象：

一块锡纸被折成了"山洞"，或许这时你还看不出它有多大威力。但是，当你把唱着歌的收音机扣在锡纸"山洞"下的时候，收音机突然就没声了。

天哪，声音去哪儿了？这是怎么回事，克莱尔？

收音机的声音消失了，那是因为锡纸阻断了无线电波！阻隔电波是锡纸的特性之一。当收音机接收不到电波的时候，收音机的声音自然就消失了。

知识链接

在我们的生活中，环境噪声很多，为了抵御噪声污染，人们发明了消声器。如果依据消声原理给消声器分类，则可以把这种设备分为阻性消声器、抗性消声器、阻抗复合式消声器、微穿孔板消声器、小孔消声器和有源消声器等类型。

"艾米，我的手机'隐身'了，你能帮我找找，看它现在在哪里唱歌吗？"克莱尔向艾米求援道。

"哎呀，这个没头脑的克莱尔，总是乱丢东西，看来只有我能帮你了。"艾米无奈地说。

很快，艾米循着手机传出的铃声，在一个盖着盖子的纸箱里找到了它。

"太好了，谢谢你！"克莱尔兴奋地抱起了艾米。

"幸好手机是在纸箱里，如果手机被锡纸盖住了，那可就找不到了。"艾米想吓吓克莱尔，谁叫他粗心大意的。

其实，克莱尔是故意把手机丢进纸箱的，他就是想让艾米对比看看，锡纸隔音的能力有多强！

委屈压抑变了声

你需要准备：

一个塑料瓶　　裁纸刀
小剪刀　　　　吸管
透明胶

实验开始：

1. 请家长帮忙，用裁纸刀将塑料瓶嘴切掉，把它切成上下一样粗；

2. 从改造过的瓶口下手，用小剪刀在瓶身上剪个长条小豁口；

3. 剪好的豁口的宽度大约为吸管直径的一半，长度大约是剪后的瓶子高度的一半；

4. 将吸管的一头捏扁，然后将它塞进瓶子的豁口里，不要塞到底；

5. 用透明胶将吸管粘在瓶子上；

6. 对着吸管吹气，同时捏瓶壁，倾听声音。

有趣的现象：

经过你的巧手改造，塑料瓶和吸管全都变了样，它们变成了一把带提手的勺子。然后，你对着吸管吹气，没想到竟然吹出了声。

哇，这是什么东西？为什么吹着吹着就变声了，克莱尔？

变声了是因为我偷偷捏了瓶子，让它的形状变了样！当你吹出的气流撞击塑料瓶瓶壁的时候，声音就传了出来。但是塑料瓶被捏得变了形，气流撞击的方向改变，于是声音也随之改变了。

知识链接

变声期是我们成长过程中必经的一个阶段，处在变声期的青少年往往会出现声音嘶哑、发音无力等症状。经过变声期之后，人的声带的宽窄、厚薄、长度基本定型，从此彻底告别了稚气的童音。

"艾米，竖起耳朵听，我的'可乐独奏'即将开始喽！"克莱尔举着一个可乐瓶子乐颠颠地说。

　　"'可乐独奏'？唉，真搞不懂你在说什么。"艾米看看克莱尔，继续埋头吃它的小鱼干了。

　　"哦，我的意思是说，用这个空瓶子吹个'变奏曲'！"克莱尔拧开瓶盖，开始对着瓶嘴吹奏了。

　　"哇，变调了！你是怎么做到的，克莱尔？"

　　"哈哈，看这里——它被我捏成这样了。"

　　原来，克莱尔在吹可乐瓶的时候，还对瓶身施加了捏、搓、揉等动作，目的就是让瓶子变形，从而使乐声变调。